皖北地区
草莓栽培技术指导

宁志怨　主编

中国农业出版社
北　京

编委会

主　编　宁志怨

副主编　钱小强

编　委　伊兴凯　董　玲　贺雷风

张殿兴　王燕娜　孔晶晶

FOREWORD 前言

自20世纪80年代以来，从欧美、日本引进的草莓优良品种和先进的栽培技术使我国草莓产业得到了迅速发展。草莓单位面积产量、经济效益都得到了显著提高。由于一些优良品种的引种和配套栽培技术的应用，产出的草莓外观诱人、口味香甜，使消费者对草莓的认识也发生了很大改变。各地大量涌现出以观光采摘为主题的草莓园，采摘已成为一种时尚，草莓与生活、草莓与健康、草莓与科技已深入融合。草莓，让生活更甜美！

但是，随着草莓种植面积的扩大，草莓生产者所面临的问题也日益增多。在生产上由于误诊或防治措施不当，造成草莓减产或果实品质下降的现象时有发生，其主要原因在于许多果农缺少科学有效的病虫害诊断方法、缺素症判断方法等，果农得不到及时有效的科学指导。随着人民生活水平的提高，对草莓的食品安全的要求也越来越高，现有的栽培技术水平很难快速达到人们的期望。为了帮助种植户解决生产中遇到的实际问题并取得较好的经济效益，笔者编写了《皖北地区草莓栽培技术指导》，主要介绍草莓主要病虫害和生理性病害及其防控技术、草莓减肥减药的双减增效栽培技术以及适用于皖北地区及邻近地区草莓新品种育苗关键技术等。本书围绕农民培训，以满足农民朋友在草莓生产中的需求。本书语言通俗易懂，技术深入浅出，实用性强，适合广大农民、基层农业技术人员学习参考。

本书在编写过程中得到了草莓业同行专家的支持，在此表示感谢。由于编者水平所限，书中难免存在不足之处，敬请读者批评指正！

编　者

2020年10月

CONTENTS 目录

第二章　草莓虫害识别及防治

第三章　草莓生理性病害识别及防治

第四章　皖北地区草莓双减增效栽培实用技术

第五章　草莓育苗关键技术

第一章 草莓常见病害识别及防治

一、草莓白粉病

【危害特征】

主要危害叶片和果实，而在叶柄、花、梗少有发生。

(1) 叶片受害。初期在叶背出现白色近圆形星状小粉斑，后扩展成边缘不明显的连片白粉，严重时整片叶布满白粉，叶缘向上卷曲变形，叶质变脆；后期变为红褐色病斑，叶缘萎缩，病叶枯黄。

草莓白粉病危害症状

（2）果实受害。果实早期受害：幼果停止发育，表面覆盖白粉。果实后期受害：果实外有一层白粉，着色缓慢，果实失去光泽，硬化，严重时为一个白粉球，完全不能食用。

（3）叶柄受害。覆有一层白粉。

（4）花蕾受害。不能开放或开花不正常。

【防治方法】

（1）选种抗性品种；及时摘除残枝病叶，并将之烧毁或深埋；合理密植，控制氮肥，增施氮磷肥，增强长势；雨后及时排水，保持通风；棚室栽培前可采用硫黄熏烟消毒。

（2）发病初期，可选择氟菌唑、醚菌酯或醚菌酯·啶酰菌胺等药剂进行防治。

二、草莓炭疽病

【危害特征】

主要危害叶片、匍匐茎、叶柄和果实。

（1）叶片受害。初产生黑色纺锤形稍凹陷溃疡斑。

（2）匍匐茎和叶柄受害。形成环形圈病斑，扩展后病斑以上部分萎蔫枯死；湿度大时病部可见肉红色黏状孢子堆；病害发

草莓炭疽病危害症状

生严重时，全株枯死。从根茎部横切面观察，可见自外向内出现局部褐变。

（3）果实受害。为近圆形褐色凹陷病斑，软腐状，后期长出肉红色黏质孢子堆。

【防治方法】

（1）选种抗性品种；实行轮作；及时摘除残枝病叶，并将之烧毁或深埋；在持续高温天气灌“跑马水”，并遮阳降温；合理密植，控制氮肥，增施磷钾肥，增强长势。

（2）发病初期，可选择吡唑醚菌酯、苯醚甲环唑或咪鲜胺等药剂进行防治。

三、草莓褐斑病

【危害特征】

主要危害叶片，初期在叶上产生紫红色小斑点，后扩大为中间灰褐色或白色，边缘褐色，外围有紫红色或棕红色，病健交界明显。叶尖部分病斑常呈V形扩展，有时呈U形病斑，组织枯死。病害严重时，病斑多互相愈合，叶片变褐枯死。后期病斑有不规则轮状排列的褐色小点，即分生孢子器。

草莓褐斑病危害症状

【防治方法】

（1）及时摘除残枝病叶，并将之烧毁或深埋；合理密植，控制氮肥，增施磷钾肥，增强长势。

（2）发病初期，可选择苯醚甲·丙环、异菌脲或嘧菌酯等药剂进行防治。

四、草莓轮斑病

【危害特征】

主要危害叶片，初期在叶上产生褐紫色小圆斑，后逐渐扩大为大小不等的病斑，病斑中间呈灰褐色或灰白色，边缘紫褐色，病健分界处明显，病斑上轮纹明显或不明显，其上密生小黑点。在叶尖部分的病斑常呈V形扩展，造成叶片组织枯死。发病严重时，病斑常常相互愈合，致使全叶片变褐枯死。

草莓轮斑病危害症状

【防治方法】

（1）及时摘除残枝病叶，并将之烧毁或深埋；合理密植，控制氮肥，增施磷钾肥，增强长势。

（2）发病初期，可选择苯醚甲环唑、吡唑醚菌酯或嘧菌酯等药剂进行防治。

五、草莓叶枯病

草莓叶枯病危害症状

【危害特征】

主要危害叶片，有时也危害叶柄、果梗和花萼。

（1）叶片受害。产生无光泽紫褐色浸润状小斑，扩大受叶脉限制成不规则深紫色病斑，有时有黄晕，外缘呈放射状，常与旁边的病斑融合。数日后病斑中部革质，呈茶褐色带灰色，枯干。严重时叶面布满病斑，后期全叶黄褐色，甚至枯死。有时在病部枯死部长出褐色小粒点。

（2）叶柄和果梗受害。出现黑褐色凹陷病斑，病部组织变脆易折断。

【防治方法】

（1）选种较抗病品种；及时摘除残枝病叶，并将之烧毁或深埋；合理密植，控制氮肥，花果期增施磷钾肥，增强长势；科学灌水，雨后及时排水，保持通风。

（2）发病初期，可选择代森锰锌、吡唑醚菌酯、嘧菌酯或多菌灵等药剂进行防治。

六、草莓黑斑病

【危害特征】

主要危害叶片、叶柄、茎和果实。

（1）叶片发病。产生黑色不定形略呈轮纹状病斑，病斑中央灰褐色，有蜘蛛网状霉层，有黄晕。

(2) 叶柄及匍匐茎发病。常为褐色小凹斑，当病斑围绕一周时，病部缢缩，叶柄或茎部折断。

(3) 果实发病。贴地果染病较多，为黑色病斑，上有灰黑色烟灰状霉层，病斑仅在皮层，不深入果肉。

草莓黑斑病危害症状

【防治方法】

(1) 选种较抗病品种；及时摘除残枝病叶，并将之烧毁或深埋；合理密植，控制氮肥，花果期增施磷钾肥，增强长势；科学灌水，雨后及时排水，保持通风。

(2) 发病初期，可选择多抗霉素、吡唑醚菌酯或嘧菌酯等药剂进行防治。

七、草莓灰霉病

【危害特征】

主要危害花器、果实，也危害果柄、叶片。

(1) 花器发病。花萼上有针眼大小水渍状的小斑点，后扩展成较大病斑，使幼果湿软腐烂；湿度大时，病部产生灰褐色霉状物。

(2) 果实发病。果顶呈水渍状病斑，后变成灰褐色斑，潮湿时湿软腐化，病部生灰色霉状物，干燥时病果呈干腐状，最终造成果实坠落。

(3) 果柄发病。先产生褐色病斑，湿度大时，病部产生一层灰色霉层。

(4) 叶片受害。初期叶基部产生水渍状病斑，扩大后病斑呈不规则形，湿度大时，病部可产生灰色霉层，发病严重时，病叶枯死。

草莓灰霉病危害症状

【防治方法】

（1）选种较抗病品种；水旱轮作，或与十字花科蔬菜、豆科作物进行轮作；及时摘除残枝病叶，并将之烧毁或深埋；合理密植，控制氮肥，花果期增施磷钾肥，增强长势；科学灌水，雨后及时排水，保持通风。

（2）发病初期，可选择啶酰菌胺、唑醚·氟酰胺或戊唑醇等药剂进行防治。

八、草莓疫病

【危害特征】

植株各部分均可受害。

草莓疫病危害症状

（1）叶片受害。出现大块不规则的水渍状褐斑，背面生白霉状物，为病原菌的子实体。

（2）果实受害。在幼果及未成熟果实上病部褐色，与健部无明显界限，呈皮革状，并不软腐，具恶臭味，生白霉状病原菌，但内部维管束变色，果肉发苦。成熟的病果最终发软而呈粥状，有些则变为僵果。

（3）果柄、枝蔓受害。变褐色，也生白霉状子实体。

【防治方法】

（1）及时摘除残枝病叶，并将之烧毁或深埋，减少病原；科学灌水，雨后及时排水，保持通风；采用地膜覆盖可大大减少发病。

（2）发病初期，可选择甲霜灵·锰锌、烯酰吗啉或吡唑醚菌酯·代森联等药剂进行防治。

九、草莓蛇眼病

【危害特征】

主要危害叶片、果柄、花萼。

（1）叶片染病。初形成小而不规则的红色至紫红色病斑，扩大后中心变成灰白色圆斑，边缘紫红色，似蛇眼状，后期病斑上产生许多小黑点。

（2）果柄、花萼染病。形成边缘颜色较深的黄褐色至黑褐色的不规则病斑，干燥时易从病部断开。

初期红色至紫红色病斑

后期病斑产生大量黑点

【防治方法】

（1）及时摘除残枝病叶，并将之烧毁或深埋；定植后移除病苗；科学灌水，雨后及时排水，保持通风。

（2）发病初期，可选择春雷·王铜、吡唑醚菌酯或嘧菌酯等药剂进行防治。

十、草莓芽枯病

草莓芽枯病危害症状

【危害特征】

主要危害蕾、新芽、托叶和叶柄基部，引起苗期立枯，成株期引起叶片腐败、根腐和烂果等。

（1）植株基部发病。地面部分初生无光泽褐斑，逐渐凹陷，并长出米黄色至淡褐色蛛巢状线体，有时能把几个叶片缀连在一起。

（2）叶柄基部和托叶发病。病部干缩直立，叶片青枯倒垂；开花前受害，使花序失去生机，并逐渐青枯萎倒。

（3）新芽和蕾发病。逐渐萎蔫，呈青枯状或猝倒，后变黑褐色枯死。

（4）茎基部和根发病。皮层腐烂，植株地上部干枯，容易拔起。

（5）果实发病。表面产生暗褐色不规则斑块、僵硬，最终全果干腐，温度高时可长出上述菌丝体。

（6）已着色的浆果发病。病部变褐，外围产生较宽的褐色白带，红色部分略转胭脂红色，色彩对比强烈鲜艳，引起湿腐或干腐，但不长灰色霉状物，是与灰霉果腐病区别之处。急性发病时植株呈猝倒状。

【防治方法】

（1）发现病苗及时与病土一起挖出烧毁；合理密植，科学灌水，雨后及时排水，保持通风。

（2）发病初期，可选择多抗霉素、吡唑醚菌酯或嘧菌酯等药剂进行防治。

十一、草莓枯萎病

【危害特征】

多在苗期或开花至收获期发病。以病原菌侵害根部，先在地上部表现出病态，心叶变黄绿色或黄绿色卷曲，叶小而狭，船形，叶片无光泽，下部叶片变紫色枯萎，叶缘褐色向内卷。

枯萎病早期症状

叶柄和果柄的维管束变褐色或褐黑色，地下根系呈黑褐色，不长新根，潮湿时近地面基部长出紫红色的分生孢子。

【防治方法】

（1）建立无病繁育田；水旱轮作3年以上；发现病株，及时拔出，烧毁或深埋，病穴施用生石灰。

枯萎病后期症状

（2）栽培时，可选用多菌灵、春雷·王铜或硫菌灵药剂边栽边浇灌根部，每株浇灌150 ～ 250毫升。

十二、草莓黄萎病

【危害特征】

开始发病时首先侵染外围叶片、叶柄，叶片上产生黑褐色小型病斑，叶片失去光泽，从叶缘和叶脉间开始变黄褐色萎蔫，干燥时枯死。新叶表现出无生气，变灰绿色或淡褐色下垂，继而从下部叶片开始变成青枯状萎蔫直至整株枯死。

“半身枯萎”症状

受害株叶柄、果梗和根茎横切面可见维管束部分或全部变褐，根在发病初期无异常，病株死亡后地上部变黑褐色腐败。

当病株下部叶片变黄褐色时，根便变成黑褐色而腐败，有时植株的一侧发病，而另一侧健在，呈现所谓“半身枯萎”症状，病株基本不结果或果实不膨大。

病株根系变黑腐烂

【防治方法】

(1) 水旱轮作；及时清除病残体，并将之烧毁或深埋；夏季利用太阳能消毒土壤；栽种无毒健壮秧苗。

(2) 栽培时，可选用多菌灵、甲基硫菌灵、噁霉灵或嘧菌酯等药剂进行浸根或栽后灌根。

十三、草莓青枯病

【危害特征】

主要危害茎部，幼苗期危害匍匐茎和根颈，初期呈铁锈色斑点，逐渐变为褐色直至死亡。保护地栽培主要危害茎部，呈铁锈色，逐渐向茎内扩展，先为褐色，后为棕色，最后为黑色，切断茎部能嗅到酸臭气味。

主要危害茎部

【防治方法】

（1）育苗前整平土地，高畦种植；及时清除病株，烧毁或深埋；科学灌水，雨后及时排水，保持通风。

（2）育苗前用50%啶酰菌胺水分散粒剂1 000倍液喷洒地面。

铁锈色逐渐向内扩展

十四、草莓红中柱根腐病

【危害特征】

主要表现在根部。发病时由细小侧根或新生根开始，初为浅红褐色不规则的斑块，颜色逐渐变深呈暗褐色。随病害发展，全部根系迅速坏死变褐。

地上部先是外叶叶缘发黄变褐、坏死至卷缩，病株表现缺水状，逐渐向心叶发展至全株枯黄死亡。

发黄变褐、坏死至卷缩

【防治方法】

（1）选种早熟避病或抗病品种；实行轮作；严禁大水漫灌，避免灌后积水；发病重的棚区进行高温高湿闷棚。

（2）防治从苗期抓起，在草莓匍匐茎分株繁苗期及时拔除幼苗、病苗；并用药剂预防2～3次；定植后要重点对发病中心株及周围植株进行防治；发病时采用灌根或喷洒根茎的方法进行防治。

（3）发病初期，可选择甲霜灵·锰锌、烯酰吗啉或异菌脲等药剂进行防治。

十五、草莓疫霉果腐病

【危害特征】

（1）青果染病。病部产生淡褐色水烫状斑，并迅速扩大蔓延至全果，果实变为黑褐色，后干枯，硬化如皮革。

（2）成熟果实染病。病部稍褪色，失去光泽，白腐软化呈水渍状，似开水烫过，产生臭味。

草莓疫霉果腐病危害症状

【防治方法】

（1）培育无病健壮秧苗；高畦种植；合理密植，控制氮肥；

科学灌水，雨后及时排水，保持通风；草莓园可用谷壳铺设于畦沟中，防止雨滴反弹到果上。

（2）从花期开始，可选择甲霜灵·锰锌、烯酰吗啉或琥铜·乙膦铝等药剂进行防治。

十六、草莓根霉软腐病

【危害特征】

主要危害茎和果实。

草莓根霉软腐病危害症状

（1）茎部发病。多出现在生长期，近地面茎部先出现水渍状污绿色斑块，后扩大为圆形或不规则褐斑，病斑周围显浅色窄晕环，病部微隆起。

（2）果实感病。主要发生在成熟期，多从果实的虫伤处、日灼伤处开始发病，初期病斑为边缘不清晰的水渍状斑，迅速发展，不久后表面长出白色菌丝，最后在菌丝顶端出现烟黑色分霉状物；随果实着色，扩展到全果，但外皮仍保持完整，内部果肉腐烂水溶，恶臭。

【防治方法】

（1）适时早收；收获后及时清理病残物，并将之烧毁和深翻晒土；高畦种植，浅灌勤灌，严防大水漫灌或串灌，雨后及时排水，保持通风；做好果实遮蔽防止日灼；采收的果实应装在吸潮通风的纸质和草编物内，放于阴凉通风处。

（2）发病初期，可选择甲霜灵·百菌清、烯酰吗啉或嘧菌酯等药剂进行防治。

十七、草莓红叶病

草莓红叶病危害症状

【危害特征】

主要危害草莓叶片，发病后扩散速度很快，表现症状为根弱，茎秆长，叶片变成灰色，叶面上还会有一些红色小斑点，严重者会导致整个植株枯死。红叶病传染速度很快，若没有及时发现进行防治，一株草莓染病很快就会传染给其他植株。所以要及时监测，并做好预防工作。

【防治方法】

（1）以预防为主，重点抓好无菌苗木和种植环境两方面。在正规单位购买脱毒无病苗；种前进行高温闷棚，后补施复合菌剂；保持排水良好、土质疏松、透气性好的种植环境等。

（2）复合菌剂是复合微生物，能够给予土壤足够多的有益微生物，可帮助土壤建立起强大的有益微生物种群，以减少土传病害等发生，特别是一些原因不明的病害，大多与土壤健康度有关系。

（3）可在育苗期、生长期喷施苯醚甲环唑/戊唑醇+植物油助剂、双苯菌胺、咪鲜胺等药剂进行防治，同时注意清除病残体，辅助追淋海藻精、腐殖酸等，以助其恢复生长。

（4）在草莓的生长期，适当淋施海藻精、腐殖酸等生物刺激剂，有助于减少草莓因为挂果等原因引起的早衰，在草莓的生长期、花果期都可以使用，因为其含有丰富的营养成分，可有助于草莓根系更好地生长，植株更加健壮。

十八、草莓黏菌病

【危害特征】

病部表面初期布满胶黏淡黄色液体，后期长出许多淡黄色圆柱形孢子囊，圆柱体周围呈现蓝黑色，有白色短柄，排列整齐地覆盖在叶片、叶柄和茎上。

病部白色粉末状硬质壳影响光合作用、呼吸作用

此时受害部位不能正常生长，或有其他病原菌生长而造成腐烂，此时如遇干燥天气则病部产生灰白色粉末状硬壳质结构，不仅影响草莓的光合作用和呼吸作用，受害叶不能正常伸展、生长和发育，黏菌一直黏附在草莓上直至草莓生长结束，严重的植株枯死，果实腐烂，造成大幅度减产。

【防治方法】

（1）选择地势高燥、平坦地块及沙性土壤栽培；科学灌水，雨后及时排水，保持通风；及时清除田间杂草，栽培密度适宜，不可过密。

（2）发病初期，可选择多抗霉素B、多菌灵或嘧菌酯等药剂进行防治。

十九、草莓革腐病

【危害特征】

主要危害果实和根，匍匐茎上也能发病。

（1）根发病。根最先发病，切开病根可见从外向内变黑，革腐状。早期植株不表现症状，中期仅表现生长较差，略矮小，至开花结果期则地上部出现失水状，逐渐萎蔫直至整株死亡。

淡褐色水烫状斑

（2）果实发病。呈淡褐色水烫状斑，并且能迅速蔓及全果，病部褪色失去光泽，用手轻捏有皮革状发硬的感觉，湿度大时果面长出白色菌丝。

（3）苗期发病。匍匐茎发干萎蔫，最后干死。

【防治方法】

（1）建立无病繁殖苗基地，实行统一供苗；整平土地、建好排水沟，防止积水。

（2）发病初期，可选择甲霜灵·百菌清、烯酰吗啉或嘧菌酯等药剂进行防治。

二十、草莓空心病

【危害特征】

主要伴随雨水通过伤口、气孔等进行侵入，高湿高温可能是该病害流行的关键环境因子，湿度较大时在发病的叶片或短缩茎部位可见白色菌脓。初步鉴定结果表明，引起该病害的病原菌可能是假单胞菌属的一种或多种病原细菌复合侵染。与炭疽病、根腐病死棵相比，空心病对莓农造成的损失要更严重。炭疽病、根腐病一般在草莓定植后一个月内发病，发现后可及时补苗。而空心病的发病和流行一般于10月中下旬开始，此时是大部分草莓的现蕾期，并且只要发病都是大面积的，很少出现零星发病的，此时已错过补苗的最佳时间，损失很难弥补。目前对该病害的发病

草莓空心病危害症状

来源、致病病原菌以及病害流行传播途径等众说纷纭，尚无权威定论，缺乏有效的防治手段。

【防治方法】

（1）彻底清除前茬遗留的病株残体，进行彻底高温闷棚消毒处理，生长期拔除病株及时铲除发病中心，底肥施用腐熟的净肥，对农用机械定期进行清洗和消毒处理。

（2）目前还未发现针对该病害的特效药，针对此病害建议以预防为主，定植前后用40%噻唑锌悬浮剂或12%中生菌素可湿性粉剂进行蘸根和灌根，提前使用中生菌素、春雷霉素、铜制剂或氯溴异氰尿酸等药剂进行预防处理。

二十一、草莓细菌性叶斑病

【危害特征】

初侵染呈不规则病斑

主要危害叶片，也可危害果柄、花萼、茎等部位。

初侵染时在叶片下表面出现水渍状红褐色不规则病斑，病斑扩大时受细小叶脉所限呈角形叶斑。病斑照光呈透明状，但以反射光看时呈深绿色。病斑逐渐扩大后融合成一体，渐变淡红褐色而干枯。当湿度大时叶背可见溢出菌脓，在干燥条件下成一薄膜，病斑常在叶尖或叶缘处，叶片发病后常干缩破碎。严重时，植株生长点变黑枯死，叶柄、匍匐茎、花也可枯死。

【防治方法】

（1）适时定植；施用充分腐熟的有机肥；加强管理，苗期小水勤浇，降低土温。

（2）发病初期，可选择春雷·王铜、中生菌素或三氯异氰尿酸等药剂进行防治。

二十二、草莓病毒病

【危害特征】

全株均可发生，多表现为花叶、黄边、皱叶和斑驳。病株矮化，生长不良，结果减少，品质变劣，甚至不结果；复合感染时，症状不同。在我国草莓主栽区有4种病毒，即草莓斑驳病毒、草莓轻型黄边病毒、草莓镶脉病毒和草莓皱缩病毒。

（1）草莓斑驳病毒。单独侵染时，草莓无明显症状，但病株长势衰退。与其他病毒复合侵染时，可致草莓植株严重矮化，叶片变小，产生褪绿斑，叶片皱缩扭曲。

（2）草莓轻型黄边病毒。幼叶黄色斑驳，边缘褪绿，后逐渐变为红色，植株矮化，叶缘不规则上卷，叶脉下弯或全叶扭曲，终至枯死。

（3）草莓镶脉病毒。植株生长衰弱，匍匐茎抽生量减少。复合侵染后，叶脉皱缩，叶片扭曲，同时沿叶脉形成黄白色或紫色病斑，叶柄也有紫色病斑，植株极度矮化，匍匐茎数量减少。

（4）草莓皱缩病毒。植株矮化，叶片产生不规则黄色斑点，扭曲变形，匍匐茎数量减少，繁殖率下降，果实变小。与斑驳病毒复合侵染时，植株严重矮化。

草莓病毒病危害症状

【防治方法】

（1）选种抗病品种，采用草莓茎尖脱毒技术，建立无毒苗培育供应体系，栽植无毒种苗；引种时，严格剔除病种苗。加强田间检查，一经发现立即拔除病株并烧掉；从苗期开始防治蚜虫。

（2）发病初期，可选用氨基寡糖素、吗胍·乙酸铜、香菇多糖或盐酸吗啉胍等药剂进行防治。

第二章 草莓虫害识别及防治

一、蚜虫

【危害特征】

蚜　虫

危害草莓的蚜虫主要有棉蚜、桃蚜和草莓根蚜。蚜虫为刺吸式口器，吸食植物组织液减少了植物体内的水分和营养物质，使被吸食的嫩芽和花器萎缩，被吸食的嫩叶扭曲变形不能正常舒展，导致植株衰弱，危害严重时可致植株死亡。蚜虫分泌蜜露，导致煤污病。

【防治方法】

(1) 农业防治。清除田间杂草，摘除蚜虫聚集危害的叶片，深埋或用薄膜封闭堆沤，以减少虫源。利用蚜虫成虫对黄色的趋性，在草莓秧苗上方20厘米处悬挂黄色粘虫板，一般每亩*悬挂20块宽24厘米、长30厘米的黄色粘虫板即可有效控制蚜虫扩展危害，在保护地栽培中使用效果更好。

* 亩为非法定计量单位，1亩≈666.7米^2。——编者注

（2）药剂防治。蚜虫发生初期，可用50%抗蚜威水分散粒剂2 000倍液，或10%吡虫啉微乳剂1 500倍液等药剂喷洒，注意不同药剂交替使用，防止蚜虫抗性增加，在采收前15天停止用药。

二、蓟马

【危害特征】

蓟马种类繁多，危害草莓的主要是瓜蓟马、西花蓟马等。成虫、若虫多隐藏于花内或植株幼嫩部位，以锉吸式口器锉伤花器或嫩叶等，严重时导致花朵萎蔫或脱落，花变褐不能结实。受害草莓沿叶脉附近发黑，无畸形和扭曲等症状，出现灰白色条斑或皱缩不展，植株矮小、生长停滞，果实不能正常着色，无法正常膨大或畸形，有时膨大果皮也呈茶褐色。

蓟　马

【防治方法】

（1）农业防治。与蚜虫趋黄色的习性不同，蓟马具有趋蓝色的习性，在田间设置蓝色粘虫板可以诱杀成虫。粘虫板高度与植株高度持平，可与诱杀蚜虫的黄板间隔等量设置，也可在通风口设置防虫网阻隔。及时清除田间杂草和枯枝残叶，集中烧毁或深埋，可消灭部分成虫和若虫。同时加强肥水管理，促进植株生长健壮，减轻危害。

（2）药剂防治。防治蚜虫的药剂对蓟马通常也有较好防效。生物农药可选用60克/升乙基多杀菌素悬浮剂1 500 ～ 3 000倍液，或25克/升多杀霉素悬浮剂1 000 ～ 1 500倍液，或1.5%苦参碱可溶液剂1 000 ～ 1 500倍液等；化学农药可选用240克/升螺虫乙酯悬浮剂4 000 ～ 5 000倍液，25%噻虫嗪水分散粒剂5 000 ～ 8 000倍液，或50%氟啶虫胺腈水分散粒剂15 000倍液，或10%氟啶虫酰胺水分散粒剂1 500倍液，或25%吡蚜酮可湿性粉剂3 000倍液，或5%啶虫脒可湿性粉剂2 500倍液等进行喷雾。

三、螨类

【危害特征】

说起螨类有点陌生，但是一直常说的红蜘蛛、白蜘蛛其实就是属于螨类的一种，危害草莓的螨类主要有二斑叶螨、朱砂叶螨（红蜘蛛）和侧多食跗线螨。螨类为刺吸式口器，多在成龄叶片背面或未展开的幼叶上吸食汁液。危害初期受害叶片正面有大量失绿小点，后期叶片失绿、卷缩，严重时叶片似火烧状干枯脱落（俗称“火龙”）。受害花蕾发育成畸形花或不开花；受害果停止生长，果面龟裂，果肉硬、苦。

螨　类

【防治方法】

（1）农业防治。注意轮作倒茬，消灭田间野生寄主如三叶草、狗尾草、黑麦草、风车草、蕨类、荞麦和苜蓿等。

（2）药剂防治。在春季害螨初发生时可使用20%哒螨灵可湿性粉剂1 500倍液、5%噻螨酮乳油1 500倍液或者20%四螨嗪可湿性粉剂2 000倍液等持效期长且对卵、螨兼治的杀螨剂进行喷雾防治。在夏季害螨大量发生时，可使用1.8%阿维菌素乳油7 000倍液、15%哒螨灵乳油3 000倍液或73%炔螨特乳油2 500倍液等药剂进行喷雾。注意不同药剂交替使用，在采收前15天停止用药。

由于跗线螨主要在叶片背面危害，并造成叶片畸形扭曲，所以用药要注意喷施叶片背面。对于草莓，最好于摘除老叶后用药并喷施叶片背面。另外，限于杀螨剂的特点，一般建议间隔3 ~ 5天连续用药2 ~ 3次。也可咨询专业单位，购买跗线螨天敌，用生物方法防治。

四、蛞蝓

【危害特征】

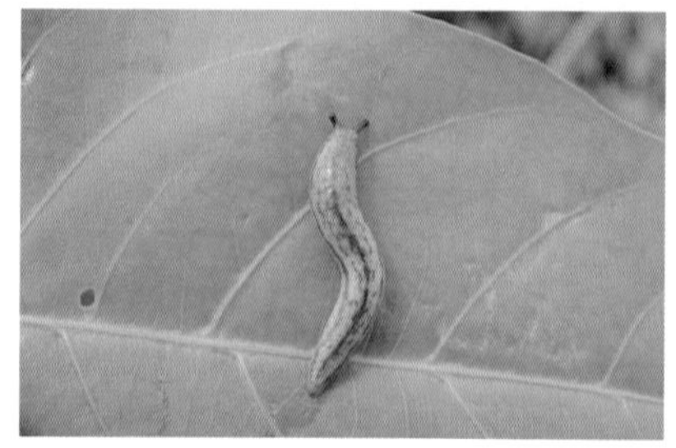

蛞蝓对草莓的危害很严重，其昼伏夜出，初孵幼体取食叶肉，稍大后用齿舌刮食叶茎等，造成孔洞、缺刻或断苗，阴雨天昼夜危害。夏季雨后，可以看见大量蛞蝓在田间活动。蛞蝓在草莓叶片上爬行过后会留下黏液，影响草莓叶片的光合作用以及透水性、透气性。蛞蝓取食幼果，致使果实出现带状痕迹，其分泌物干燥后留下一条白色条带，影响果实外观。蛞蝓危害后，会留下伤口，而病原菌则会从伤口侵染从而引发各种真菌性、细菌性病害。在冬季生产中，容易诱发灰霉病、软腐病和疫病等。

蛞 蝓

【防治方法】

(1) 农业防治。蛞蝓可以成虫或幼虫在作物根部、杂草中越冬。因此，在定植种苗前通过深翻土地可消灭一部分虫源。苗地周围的杂草要及时清除，消灭害虫的隐藏场所。

(2) 药剂防治。可将四聚乙醛直接撒在草莓周边即可。

五、斜纹夜蛾

【危害特征】

斜纹夜蛾，又名莲纹夜蛾、斜纹夜盗虫，属鳞翅目夜蛾科，是一种分布广泛的重要农业害虫。当草莓处于移栽缓苗期，此时也正是斜纹夜蛾危害的时期，被咬的草莓叶片到处都是洞。因此，做好相关的防控准备很关键。以幼虫在秧苗上啃食叶片、花蕾、花及果实进行危害，严重时花果受害率可达20%～30%。成虫昼伏夜出，飞行能力强，具趋光性和趋化性，对黑光灯及糖醋

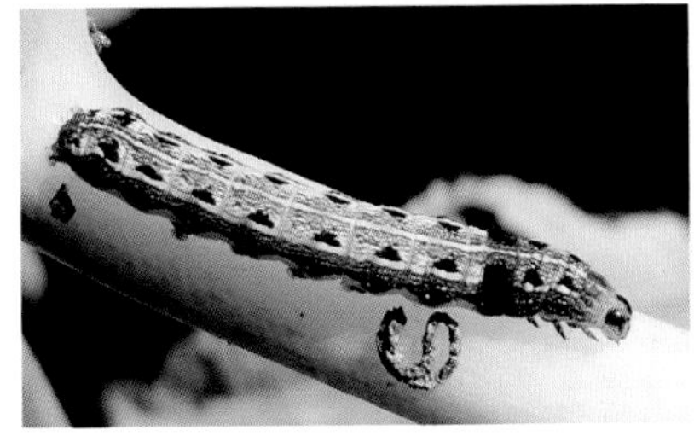
斜纹夜蛾

液、发酵的胡萝卜、豆饼等有较强的趋向性。卵多产于草莓叶片背面，呈块状，每块中有卵30 ~ 400粒。初孵幼虫在卵块附近群集，昼夜取食，二至三龄后进行分散危害。该虫一至三龄仅取食叶肉，残留叶片表皮，俗称“开天窗”；四龄后进入暴食期，取食量可达全代的90%以上，多在傍晚以后或阴雨天取食，在叶片上形成缺刻或小孔，严重时整片叶被吃光。老熟幼虫常在1 ~ 3厘米的表层土中化蛹。

【防治方法】

（1）农业防治。草莓定植前进行翻耕，消灭土壤中潜伏的幼虫或蛹；及时清除田间杂草，减少成虫产卵场所；根据斜纹夜蛾集中产卵的特性，人工摘除带卵块或聚集了低龄幼虫的叶片。

（2）物理防治。利用斜纹夜蛾成虫具有趋光性和趋化性的特点，在成虫发生期采用黑光灯或糖醋液进行诱杀。近年来，开发了黄色灯光照明、性诱剂捕虫器等防治方法。

（3）化学防治。根据幼虫危害习性推算虫龄，在卵孵化高峰期至低龄幼虫分散前进行药剂防治。注意轮换使用无交互抗性的杀虫剂或合理混用，以防斜纹夜蛾产生较强的抗药性。施药应尽量避开草莓开花期，以防影响蜜蜂授粉。常用的化学药剂有阿维菌素、乙基多杀菌素、氯虫苯甲酰胺或茚虫威等。

六、白粉虱

【危害特征】

白粉虱是保护地草莓的主要害虫，它的若虫在叶片背面吸食汁液，造成叶片褪色、变黄、萎蔫，严重时整株枯死。同时，它分泌的蜜露对叶片造成污染，滋生真菌，影响叶片光合作用。卵

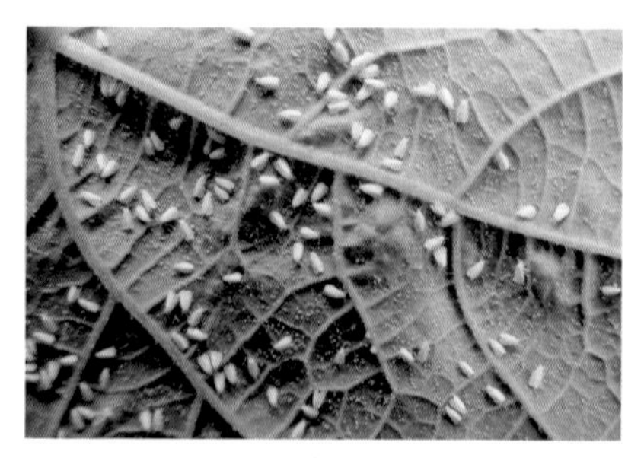

白粉虱

0.2毫米，长圆形，有一短小的卵柄，初产时为淡黄色，孵化时颜色逐渐加深。若虫体扁平，椭圆形，淡黄色或淡绿色，背面有蜡丝5～6对。成虫体长1.0～1.4毫米，淡黄色，翅面覆盖白色蜡粉。白粉虱的繁殖速度很快，一年发生代数多，而且有世代重叠的现象。它繁殖的适宜温度为18～21℃，约一月完成1代。

成虫和若虫群集在叶片背面，以刺吸式口器刺入叶肉，吸取植物汁液，造成叶片褪绿、变黄、萎蔫，甚至全株枯死。果实畸形僵化，引起植株早衰，影响产量。繁殖力强，繁殖速度快，种群数量大，群集危害，能分泌大量蜜液，严重污染叶片和果实，往往引起煤污病的大发生，使草莓失去商品价值。

【防治方法】

（1）进行生物防治，人工释放丽蚜小蜂，寄生于粉虱若虫。

（2）利用粉虱对黄色的趋性，用黄盘诱集。其方法是，将钙塑箱板涂上黄色油漆，干后表面涂一层不干胶，每亩设置50块，粘杀该虫。

（3）进行药剂防治。药剂防治要实行统一联防。使用的药剂，有啶虫脒、氟啶虫酰胺、抗蚜威或噻虫嗪等。

七、金针虫

【危害特征】

金针虫危害果实，通过钻入草莓果实中使草莓鲜果失去商品价值。

金针虫

【防治方法】

（1）栽草莓时不要施用未腐熟的农家肥，削减成虫产卵的时机。发现草莓受害时扒开根部的土壤，挖捉害虫。

（2）早春棚内发现成虫时进行人工捕捉，数量多时用灯诱杀。

（3）土壤处理。采用“棉隆+太阳能高温消毒”土壤处理方法可有效解决该虫害。

八、地老虎

【危害特征】

地老虎是鳞翅目夜蛾中的一类害虫，成虫有趋光性，喜欢在近地面的叶背面产卵，或在杂草及蔬菜作物上产卵。幼虫食性很杂，三龄以前幼虫栖于草莓地上部进行危害，但危害不明显；三龄以上幼虫肥大、光滑、暗灰色，带有条纹或斑纹，危害较重，白天躲在2～7厘米土层中，夜间活动取食嫩芽或嫩叶，常咬断草莓幼苗嫩茎，也吃浆果和叶片。

地老虎

【防治方法】

（1）定植前认真翻耕、整地，栽后在春夏季多次中耕、细耙，消灭表层幼虫和卵块。清除园内外杂草，并集中烧毁，以消灭幼虫。清晨检查园地，发现有缺叶、死苗现象，立即在苗附近挖出幼虫并消灭。可将泡桐叶或莴苣叶置于田内，清晨捕捉幼虫。

（2）利用性诱剂或糖醋酒诱杀液诱杀成虫，既可作为简易测报手段，又能减少蛾量。

（3）及时清除蔬菜残株烂叶，减少其发酵物对成虫的诱集。一至二龄幼虫抗药力低，多在植株嫩心进行危害，防治适期应在一至二龄幼虫盛期，用喷雾或毒土法进行防治。

九、蛴螬

【危害特征】

蛴　螬

蛴螬是鞘翅目金龟甲科幼虫的总称。在江苏及安徽等长江中下游地区，蛴螬成虫以铜绿丽金龟和暗黑鳃金龟较普遍。一年发生1代，成虫盛发期在6月中旬至7月下旬，卵孵高峰期在7月中下旬，8月下旬孵化结束，8月中旬大多进入三龄盛期，也就是蛴螬危害盛期。在设施草莓生产上，蛴螬主要在苗圃发生危害，也会在刚定植的大田发生危害，常咬食草莓幼根或咬断草莓新茎，使地上部生育恶化而死苗，导致缺株，严重时全园毁灭。扒开受害株，可见植株已无根系，周围土壤中可找到蜷曲的呈马蹄形的幼虫。

【防治方法】

（1）对蛴螬发生严重的草莓田，要在夏季草莓休闲期，采用封闭大棚土壤高温消毒处理（对地下害虫和土传病害均有较好的防治效果）和基施有机肥（必须充分腐熟）两项技术措施进行防治。

（2）在有机草莓和绿色草莓生产中，建议采用生物农药替代化学防治。在草莓移栽前每亩用活孢子20亿个/克白僵菌粉剂

1 500克拌细土15 ~ 20千克，或1%苦参碱2 000 ~ 3 000克拌细土5 ~ 10千克，撒施垄面后翻入土中；草莓生长期发生危害前，用活孢子50亿个/克白僵菌粉剂800 ~ 1 000倍液进行灌垄或灌根，对蛴螬、地老虎等多种地下害虫均有较好的防治效果。

十、小家蚁

【危害特征】

小家蚁危害果实，通过啃食草莓鲜果使其失去商品价值。

小家蚁

【防治方法】

在有机草莓和绿色草莓生产中，建议采用生物农药替代化学防治。在瓶内放少许醋，多放点白糖，可把蚂蚁引到内不再伤害草莓，若蚂蚁多则放在蚁巢旁边。

十一、蜗牛

【危害特征】

蜗牛主要啃食叶片和果实，导致草莓植株受伤和草莓鲜果失去商品价值。

【防治方法】

（1）草莓行间撒施生石灰，可使蜗牛、蛞蝓在爬行时将粘上的石灰带入壳内，经摩擦或失水而使其死亡。一般生石灰的撒施量以每亩8 ～ 10千克为宜，每隔5 ～ 7天撒施1次，连续2 ～ 3次，即可获得较好的防治效果。

（2）防治蜗牛、蛞蝓需要选择专用于杀灭软体动物的药剂，常用的有四聚乙醛和聚醛·甲萘威等药剂。一般在蜗牛发生期，每亩用6%四聚乙醛颗粒剂500克，拌细土15 ～ 20千克，于傍晚均匀撒施在草莓的行间垄上，或用6%聚醛·甲萘威颗粒剂600 ～ 750克，拌细土撒施。

蜗牛

第三章 草莓生理性病害识别及防治

一、营养元素与草莓生长之间的关系

（一）氮对草莓生长结实的作用

氮是植物生长发育中具有特殊重要意义的一个营养元素。氮肥是提供植物氮素营养的单元肥料。适宜的氮肥用量对提高作物产量、改善农产品品质量有重要作用。氮肥不足时草莓植株瘦弱，叶片小而薄，呈黄绿色，花序少而小，果实小且品质差、香味淡。氮肥是世界化肥生产量和使用量最大的肥料品种。

（二）磷对草莓生长结实的作用

磷能够促进草莓花芽分化，提早开花结果，促进幼苗根系生长和改善果实品质。磷肥能够促进各种代谢正常进行，植物生长发育良好，同时提高植物的抗寒性和抗旱性。磷参与糖类、蛋白质和脂肪的代谢以及三者的相互转变，不论栽培粮食作物还是豆类作物和油类作物都需要磷肥。草莓缺磷时植株生长弱，发育缓慢，叶片小，果实也小，叶片逐渐失去光泽，由暗绿色变成暗紫色，叶尖和叶缘发生叶烧，叶片向上卷起、变厚变脆，花梗细长，有的果实会出现白化现象。

（三）钾对草莓生长结实的作用

钾能促进植株茎秆健壮，改善果实品质，增强植株抗寒性，提高果实中糖类和维生素C的含量。草莓是需钾较多的作物，它的整个生长过程都需要大量的钾，尤其在果实成熟期需求量更大。缺钾时，因叶片内的碳水化合物不能被充分制造，导致过量的硝态氮积累而引起叶烧、叶缘呈黄褐色并逐渐向中间发展，果实失去光泽，糖度降低，根系发育受到抑制，器官组织不充实，抗旱性和抗寒性减弱。

（四）钙对草莓生长结实的作用

钙是细胞膜和液胞膜的黏结剂，保持细胞膜的强固性，使细胞膜保持稳定，增强抗病虫害的能力。钙可促使土壤中硝态氮的转化和吸收，使土壤中的不溶性磷、钾变为可溶性养分。钙还能中和植株体内的有机酸，调节酸碱度，增强植株抵抗力。草莓缺钙，可导致果实变软，新生叶片皱缩不能展开，叶缘焦枯，根尖生长受阻。由于钙在植物体内移动少，其大部分存在于老叶中而不能转移到新生叶片和果实中，因此在草莓整个生长过程中都应重视叶面补钙和地下补钙。

（五）铁对草莓生长结实的作用

铁是参与光合作用、生物固氮和呼吸作用的细胞色素和非血红素铁蛋白的组成元素之一。铁在氧化还原过程中起电子传递作用。叶绿体的某些叶绿素-蛋白复合体合成需要铁。草莓对缺铁反应极为敏感，特别是红颜品种。土壤缺铁时，叶片出现黄化，新生幼叶最先表现症状，幼嫩叶的叶肉呈淡绿色或黄色，仅叶脉两侧残留一些绿色。严重时黄化会发展成黄白，叶片边缘坏死，叶片干枯脱落。

（六）镁对草莓生长结实的作用

镁主要存在于幼嫩器官和组织中，植物成熟后则集中于种子内。镁离子在光合作用和呼吸作用过程中，可以活化各种磷酸变位酶和磷酸激酶。同样，镁也可以活化DNA和RNA的合成过程。镁是叶绿素的组成成分之一。草莓苗缺镁时不能生成叶绿素，植株停止生长，老叶叶脉间失绿，然后发展成为棕色枯斑。枯焦加重时基部叶片呈淡绿色，枯焦现象随叶龄和缺镁加重而发展。缺镁草莓苗的果实与正常果相比，红色较淡、质地较软，有白化现象。

（七）硫对草莓生长结实的作用

植物体的含硫量与磷相近。硫是蛋白质的组成成分，在植物体内以还原状态的形式存在。缺硫时不能形成胱氨酸，代谢作用受阻，对叶绿素的形成也产生一定影响。缺硫症状和缺氮症状差别很小。缺硫时叶片均匀地由绿色转为淡绿色，最终成为黄色。

（八）锌对草莓生长结实的作用

锌在碳水化合物合成过程中，具有重要的催化作用，能促进氮、磷、钾、钙转化成可移动的和易被植物吸收的物质。锌对叶绿素和生长素的生成也有一定影响，同时还可增强植株对某些真菌病害和病毒病害的抵抗能力。草莓对锌的需求量虽然很少，但若补充不足会影响草莓的品质和产量。

（九）硼对草莓生长结实的作用

硼是高等植物特有的必需元素，而动物、真菌与细菌均不需要硼。硼能与游离状态的糖结合，使糖容易跨越质膜，促进糖的运输。植物各器官中硼的含量以花最高，花中又以柱头和子房含量最高。硼对植物的生殖过程有重要的影响，与花粉形成、花粉管萌发和受精有密切关系。缺硼的草莓，花小，授粉和结实率降低，果小，果实畸形，老叶叶脉间失绿，有的叶片向上卷起，根粗短、色暗。

二、草莓缺素症

（一）草莓缺氮

【缺素症状】

草莓缺氮

草莓植株缺氮的外部症状由轻微至明显取决于叶龄和缺氮程度。一般刚开始缺氮时，特别在生长盛期，叶片逐渐由绿色向淡绿色转变。随着缺氮的加重，叶片变为黄色，局部枯焦而且比正常叶片略小。幼叶或未成熟的叶片，随着缺氮程度的加剧，颜色反而更绿。老叶的叶柄和花萼则呈微红色，叶色较淡或呈现锯齿状亮红色。果实常因缺氮而变小。轻微缺氮时在田间往往看不出症状，并能自然恢复，这是由于土壤硝化作用释放氮素所致。

土壤瘠薄，且不正常施肥易出现缺氮症状；管理粗放，杂草丛生的园地常表现缺氮。

【防治方法】

改良土壤，增施有机肥，提高土壤肥力。正常管理，施足基肥，及时追肥并配合叶面喷肥，叶面喷肥可用0.3%～0.5%尿素。

（二）草莓缺磷

【缺素症状】

草莓植株缺磷时，叶脉呈青绿色，渐向叶片扩展，近叶缘处呈现紫褐色的斑点；植株生长不良，叶片小；匍匐茎的发生和子株的发育不良；花芽分化数量减少，产量下降。当土壤中含磷少或含钙多、酸度高的条件下硼元素不能被吸收时，易发生缺磷现象；疏松的沙土或有机质多的土壤也可能缺磷。只要叶片中含磷量低于0.2%即会出现缺磷症。

【防治方法】

(1) 在草莓栽培时每亩施过磷酸钙50 ~ 100千克，或氮、磷、钾三元复合肥50 ~ 100千克，可以随农家肥一起施用，也可以将过磷酸钙与农家肥一起沤制施用。

缺磷叶片变紫色

(2) 在草莓植株开始出现缺磷症状时，及时喷施1%过磷酸钙浸出液或0.1% ~ 0.2%磷酸二氢钾溶液，隔7 ~ 10天喷1次，连喷2 ~ 3次。

(三) 草莓缺钾

【缺素症状】

钾素缺乏时，一般较幼嫩的叶片不显示症状，而较老的叶片受害严重。老叶易出现斑驳的缺绿症状，叶缘出现黑色、褐色和干枯，继而发展为灼伤，还可在大多数叶片的叶脉之间向中心发展，包括中肋和短叶柄下面的叶片产生褐色小斑点，几乎同时从叶片到叶柄发暗并变为干枯或坏死，这是草莓特有的缺钾症状。此外，缺钾时匍匐茎发生不良，即使长出匍匐茎，也是既短又弱。果实数量少、味淡、色差，果实柔软，没有味道。

缺钾叶脉呈紫褐色，叶肉逐渐变紫

【防治方法】

(1) 增施有机肥料。

（2）生长期钾不足时，每亩可追施硫酸钾8千克，或每亩追施氮磷钾复合肥50～100千克。

（3）发现缺钾，及时喷施0.1%～0.2%磷酸二氢钾溶液，隔5～7天喷1次，连喷2～3次。

上部叶片先出现缺钾症状

（四）草莓缺钙

【缺素症状】

草莓缺钙的原因很多，如土壤本身缺钙，土壤盐类浓度过高，施用氮肥过多，土壤干燥，根系吸收钙困难，钾肥施用过多抑制根系对钙的吸收，空气湿度低，连续高温等。地上部表现为新叶、萼片褐枯坏死、皱缩、果实硬化、开裂等。地下部表现为根系停止生长，根毛无法形成，严重影响养分、水分的吸收和运输。

草莓缺钙

【防治方法】

用作基肥的有机肥一定要充分腐熟，使钙处于容易被吸收的状态。土壤偏酸性或缺钙时，可撒施石灰，调节土壤酸碱度并补充钙。施用氮肥、钾肥时要适量，避免过量，特别是不能一次施用过多。深耕，适时浇水，尤其在现蕾和开花期不能缺水，高温干旱时更要及时浇水，保证水分供应。表现出褐枯症状时，可叶面喷施0.3%氯化钙溶液。

（五）草莓缺铁

【缺素症状】

缺铁叶脉间失绿及缺铁后期叶缘产生褐色坏死斑点

铁是叶绿素形成不可缺少的部分，它参与草莓叶绿体蛋白质的形成。植物体内许多呼吸酶含有铁。由于铁在体内不易移动，在新叶幼嫩部位很需要铁时，老叶中的铁难以转移到新叶中，导致叶绿素形成受阻出现黄化缺铁症。

缺铁时植株根系生长不良，幼叶黄化或缺绿，进而变白；严重时，逐渐成熟的小叶变白，叶缘坏死，或小叶黄化，仅叶脉绿色，叶缘和叶脉间变褐坏死。轻度缺铁时，对果实影响不大；严重缺铁时可导致草莓果重减轻。碱性土壤和酸性强的土壤均易缺铁，当土壤pH达到8时，会导致根尖死亡，生长受到严重限制；土壤过干、过湿降低了根系活力，影响对铁的吸收，易发生缺铁症。

【防治方法】

（1）避免在盐碱地种植草莓，土壤pH调到6 ~ 6.5时为宜，避免使用碱性肥料。

（2）增施有机肥料，及时排水，保持土壤湿润。

（3）发现缺铁，及时用0.2% ~ 0.5%硫酸亚铁溶液喷施叶面，注意喷施时应避开中午高温时段，以免产生药害。

在栽植草莓时施硫酸亚铁或螯合铁，也可在刚出现缺铁症状时追施，每亩施用1千克。土壤pH调到6～6.5较适宜，这时不应再施用大量的碱性肥料。用浓度为0.1%～0.5%的硫酸亚铁溶液喷雾，能起到立竿见影的效果。

（六）草莓缺镁

【缺素症状】

缺镁叶肉黄化斑及僵化卷翘的缺镁叶片

草莓成熟叶片缺镁时，最初上部叶片的边缘黄化并变褐焦枯，进而叶脉间褪绿并出现暗褐色的斑点，部分斑点发展为坏死斑，形成有黄白色污斑的叶片。

老叶叶脉间黄化，伴有大的紫黑色不规则斑点。叶片发硬，叶缘稍向上卷翘。果实的味道较淡且软，并伴有白化现象。

一般在沙质地栽培草莓或氮肥和钾肥施用过多时，容易出现缺镁症。

【防治方法】

缺镁时要避免钾肥、氮肥施用过量，应急时可叶面喷雾1%～2%硫酸镁。

（七）草莓缺硫

【缺素症状】

草莓缺硫

缺硫时不能形成胱氨酸，代谢过程受阻。硫是蛋白质的组成成分，对叶绿素的形成也有一定的影响，缺硫与缺氮症状差别很小。缺硫时叶片均匀地由绿色转变为淡绿色，最终成为黄色，并且所有叶片都趋向于一直保持黄色。而较幼小的叶片实际上随着缺氮的加强而呈现绿色。缺硫的草莓浆果有所减少，无其他影响。

我国北方含钙多的土壤中硫多被固定为不溶状态，而南方丘陵山区的红壤因淋溶作用流失严重，这些地区的草莓园易缺硫。

【防治方法】

对缺硫的草莓园施用石膏或硫黄粉即可。一般可结合施基肥，每亩增施石膏37 ~ 74千克，或每亩施用硫黄粉1 ~ 2千克，或栽植前于栽植行每米施石膏65 ~ 130克。施硫酸盐一类的化肥，硫也能得到一定的补充。

（八）草莓缺锌

【缺素症状】

锌与植物的光合作用、呼吸作用以及碳水化合物合成运转等过程有关。锌对某些酶有一定的活化作用，并参与生长素的合成。

锌可以增加草莓的花芽数，提高单果重和产量，还能提高草莓的抗寒性和耐盐性。缺锌时老叶变窄，尤其是基部叶片，缺锌越严重，窄叶部分也越长，但缺锌不发生坏死现象。在叶龄大的叶片上往往出现叶脉和叶片表面组织发红的症状。缺锌对果实的影响是导致结果量减少，果个变小。沙质土、盐碱地、被淋洗的

缺锌叶片变窄伸长

缺锌新叶黄化

酸性土壤、地下水位高的土壤均会导致缺锌现象的发生。大量施用氮肥、磷肥也会导致缺锌，土壤中有机物和土壤水分过少，铜、镍等元素不平衡也易导致缺锌。

【防治方法】

（1）增施有机肥，改良土壤。

（2）发现缺锌症状，及时用0.05%～0.10%硫酸锌溶液叶面喷施2～3次，喷施浓度切忌过高，以免产生药害。

（九）草莓缺硼

【缺素症状】

硼对草莓根、茎、花等器官的生长，幼嫩分生组织的发育以及开花和结实有一定作用，缺硼症状如下图。硼能加速碳水化合物在草莓植株体内的运输，促进氮素代谢，增强光合作用，改善有机物的供应和分配。

缺硼的草莓果皮龟裂及木栓化果

硼参与草莓花粉萌发和花粉管生长，硼还可以改善根系环境中氧的供应，增强吸收能力，促进根系发育。草莓植株缺硼时，幼叶皱缩，叶缘黄色，叶片小，花小且易枯萎；匍匐茎发生根生长慢，数量很少；果实畸形，内部变褐，果实上饱满的种子少；

植株明显矮化。沙土和有机质少、偏碱性的土壤缺少有机硼；天气干旱，高温时硼易被固定，雨水过多硼被淋洗流失；氮、钾过多影响硼的吸收等，易导致缺硼症。

缺硼幼叶皱缩

【防治方法】

（1）适时浇水，保持土壤湿润。

（2）提高土壤可溶性硼含量，以利于植株吸收。

（3）若发现缺硼症状，及时用0.15%硼砂溶液叶面喷施2～3次。

（4）对于严重缺硼的草莓园，在草莓栽植前后施硼肥。

三、草莓畸形果

【发病原因】

草莓畸形果产生的因素主要有品种、花期温度、光照及花期施药等。

（一）品种选择

（1）有些草莓品种存在缺陷，雄蕊短，雌蕊长，或雄蕊花粉少，或成熟的花粉数量少，导致授粉不良，形成畸形果。

（2）在温室中经过高温生产的草莓苗，病虫寄生率特别高，尤其是病毒在植株内累积，品种退化严重，导致畸形果率显著增加，同时抗性和产量也明显降低。

（二）低温障碍

12月至翌年2月，既是低温时段，又是保护地草莓开花坐果盛期，该时期低温会影响草莓开花授粉，造成畸形果大量产生。

（1）开花期间遭遇−2℃低温1小时，雌蕊变黑。

（2）花后1周内的小果遭遇−2℃低温3小时或−5℃低温1小

时，果实变黑，成为无效果。

（3）花前4～8天内，中等大小的花蕾遭遇-2℃低温1小时，花粉的发芽受阻。

（4）低温造成蜜蜂活动减少，影响授粉。蜜蜂最适活动温度为15～25℃，如果棚内温度长时间低于10℃，蜜蜂就会减少活动或停止出巢，造成棚内草莓授粉不良，产生畸形果。

（三）高温

草莓较抗高温，棚内温度超过40℃或覆盖黑色地膜时，温度过高会引起花粉发育不良，最终导致果实畸形。高温达35℃以上、相对湿度达100%，棚内出现大量水滴，导致授粉困难。

（四）湿度

（1）草莓花药开裂最适空气湿度为20%，花粉萌发以40%为宜，湿度过高或过低均会降低花粉的发芽率。

（2）若使用无滴性较差的旧膜或质量较差的棚膜，棚膜上滴落的水滴冲刷到花器的柱头，会直接影响授粉受精。

（五）光照

草莓喜光，大棚草莓开花前后2周左右若光照不足，造成花粉发育不良，影响草莓授粉受精与果实的发育，产生畸形果。

（六）花朵级次

草莓的花序为二歧聚伞花序，一般草莓低级次花容易出现雄蕊发育不良，但只要有良好花粉授粉就可以正常坐果发育；高级次花易出现雌蕊发育不良，不能坐果或坐果不良。

（七）喷药不当

花期喷药易引起畸形果发生，特别是当日开放的花朵。如果在大棚草莓花期滥用农药，药水冲刷了柱头，或药剂量过大，不仅直接阻碍授粉受精，而且会杀死蜜蜂和花蝇类访花昆虫，致使畸形果增加。

（八）氮肥过多或缺硼

氮肥过多或缺硼生长点发育不正常，花蕾变得又扁又平，花托生长畸形，受精后形成畸形果。

（九）访花昆虫

草莓的授粉昆虫主要有蜜蜂、花蝇、花虻类等，蜜蜂是草莓最重要的访花昆虫。大棚草莓一般在2月花期自然出现花蝇类，在3月花期自然出现蜜蜂。因此，棚室内可通过增加蜜蜂、花蝇类等昆虫的数量，增加授粉率和授粉质量，减少草莓畸形果的发生。

草莓畸形果

【防治方法】

1.品种混种

（1）可以根据当地种植条件，选择花粉量多的品种，如圣安德瑞琪、幸香等用作授粉品种，与主栽品种混种，提高授粉坐果率。

（2）使用脱毒生产苗，生产上提倡使用脱毒2代或3代苗作为生产苗。

2.棚室内放置蜂箱提高授粉受精概率　保护地栽培的草莓花期早，授粉昆虫少，可在保护地内放置蜂箱，活动温度一般为15 ~ 30℃。

3.严格控制温度和湿度

（1）草莓花期应严格控制棚内的温湿度，温度宜控制在

20～28℃，湿度控制在70%～80%，并要适时放风以降温降湿。

（2）采用无滴薄膜，防止水滴对授粉产生影响。

（3）遇连阴雨天，沟内垫稻草等秸秆或其他吸水物。

（4）遇雨雪初晴天棚温低时，用火炉、火盘、大功率灯暖等方法加温。

（5）滴灌取代大水漫灌，无滴灌条件的花期只要地表不干，一般不需灌水。

4.科学疏花疏果　花期去掉易出现不育雌花的高级次花，可明显降低草莓畸形果率。

5.减少用药次数

（1）棚室草莓的病虫害防治采用农业防治的综合措施，如栽植无病毒壮苗，施足优质基肥，采用高垄栽植，进行地膜覆盖，及时去除老叶、黄叶、病叶和病株、杂草，搞好园地卫生，进行日光土壤消毒等办法，减少用药次数。

（2）若病虫害发生确实严重，应避开花期施药，在花前或花后用药，保证草莓受精率，减少畸形果产生。

6.人工辅助授粉　草莓开花期，在11:00—12:00花药开裂高峰期，采用人工微风（或用扇子）进行人工辅助授粉，也能获得很好的效果。

7.合理施肥　种植草莓要多施有机肥，切勿偏施氮肥，注重磷钾肥的施用，适当补充硼肥。

四、草莓顶端软质果

【发病症状】

顶端软质果（另类畸形果）的特点是果实顶端发青发软，果尖不转红，呈透明状，用手捏果实的顶端能感觉到软软的。

【发病原因】

（1）膨果转色期光照不足。

（2）湿度过大。草莓果实成熟有绿熟期、白熟期、转色期、红熟期四个过程。绿熟期为花瓣落后7天左右，白熟期为花瓣落后21天左右，转色期为花瓣落后30天左右，红熟期为花瓣落后40天左右。

绿熟期土壤湿度大，导致果实尖部过量吸收水分。而在绿熟期果实尖部由于顶端优势，获得的水分和养分充足，会造成提前成熟变软。

绿熟期果实尖部在没有绿花青素的情况下提前成熟，导致后期成熟转色期果实顶端不能积累花青素，无法变红。

【防治方法】

（1）人工补光。增加人工辅助光照可用白炽灯作光源，进行加热处理，每盏灯100焦/秒可照7.5米^2，每天下午加热5～6小时。

（2）保持棚膜的洁净。棚膜上水滴、尘土等杂物会使透光率下降30%左右。新薄膜在使用后的2天、10天和15天后，大棚内的光照会依次减弱14%、25%和28%，因此要经常打扫，以增强棚膜的透明度。

（3）选用无滴膜。无滴膜在生产过程中加入几种表面活性剂，使水分子顺着薄膜流入地面而无水滴产生。因此，选用无滴膜扣棚，可增加大棚内的光照度和提高棚温。

（4）要及时采收成熟的果实。

（5）及时除去大棚内地表上的水以降低大棚内的湿度。

五、草莓裂果

【发病原因】

草莓裂果与品种有关，皮薄的品种较易裂果。果实膨大初期遇低温，发育暂时停止后再迅速膨大而引起裂果。同时，骤阴骤晴，温度上升过快过高，也会引起裂

草莓裂果

果。草莓裂果施糖醇钙水溶肥，可快速补充草莓缺失养分，延缓作物早衰，膨果着色效果好，防止草莓果实裂果，改善果实外观。提高抗寒性、抗逆性，提高草莓产量和品质。

（1）受土壤干旱或氮肥偏多等因素影响，植株对硼和钙的吸收发生障碍或缺少硼和钙元素等造成裂果。

（2）果实膨大初期遇低温，发育暂时停止之后再迅速膨大而引起裂果。

（3）采摘后期，白天温度高、空气干燥，而傍晚浇水较多，或在果实生长过程中过于干旱而突然浇水，造成果皮生长速度不及果肉快而造成裂果。

（4）久阴乍晴时，温度上升过快过高，也会引起裂果。

【防治方法】

（1）实行深耕，重施有机肥，并采取地膜覆盖保温，促进根系发育吸收耕作层底部水分和钙、硼肥，增施钾肥提高果皮韧性。盛果期喷施复合营养抗逆保水调理剂2～3次。

（2）合理浇水，要小水勤灌，不可大水漫灌，以免浇水前后土壤含水量差异过大。高温期于清晨或傍晚地温低时浇水，不要在温度较高的中午浇水，以免浇水后根系大量吸收水分，供水太快、太多而发生裂果。

（3）要及早采收成熟的果实。

六、草莓空洞果

【发病原因】

（1）低温条件下坐果，膨大初期供水不足，中期后温度又升高，水分充足。

（2）第二、三序花坐果，营养供应不足；光照不足，或温度超过35℃，且持续时

草莓空洞果

间长，受精不良，或养分供应不足，向果实输送的营养供不应求，形成空洞果。

(3) 硼元素对促进养分在果实内部运输有重要作用，若缺硼而果肉部分养分不足就形成空洞果。

(4) 植株生长势弱，或果实采收过晚。

【防治方法】

(1) 做好光温调控，创造果实发育的良好条件。通过调温，避免出现10℃以下的低温，开花期避免35℃以上高温对受精的影响，促进胎座的正常发育。

(2) 开花期、坐果期增施硼肥有益于养分在果实内运输畅通，直达果心，大大减少空洞果的发生。

(3) 避免坐果过多，要适当疏花疏果，减少养分的竞争。

(4) 增施有机肥，坐果后加强肥水管理。

七、草莓着色不良

【发病症状】

草莓着色不良

草莓果实的色泽一般为红色，栽培种的果色通常为粉红色至深红色，差异很大。红色为花青甙色素。在果实肥大初期为绿色，中期变白，后期则转变为红色；只有当果实进入膨大后期时，花青甙的含量才急剧增加。试验结果表明，在绿熟期及白熟期，光照对果实着色影响不大，相比之下，温度对果实着色影响更大些；但转色期的光照比温度对果实的着色影响更大。

【发病原因】

(1) 果实充分膨大后，其着色状况与营养成分的供给有密切关系。氮素过多而钾、硼缺乏时，果实着色不良，而钙、钼、硼等矿质元素及有机活化营养，对果实着色有一定的促进作用。

（2）果实膨大盛期，果内水分缺乏，也会使果皮着色不良。

（3）果实长时间与地膜或草垫接触。

（4）果实的着色一般受温度、光照和土壤条件的影响较大。花青甙色素形成较适宜温度为20～25℃，温度过高或过低都不利于其合成。遇连续低温和光照不足，尤其是大棚内温度低于5℃，极易发生青头果；光照不足或浆果中含糖量低或磷、钾、硼元素不足引起生理性白果（浆果成熟期褪绿后不能正常着色，全部或部分果面呈白色或淡黄白色，界限鲜明，白色部分种子周围常有一圈红色），病果味淡、果肉杂色（粉红色或白色）、易软易烂。

【防治方法】

（1）要尽可能地调控温度和改善棚内光照条件。

（2）在定植时施足有机肥，适当加大株行距，减少株间遮光。

（3）保持棚膜清洁，防止膜面附着水滴和尘物，地面铺设银灰膜或铝箔或反光幕以增强植株间光照度。

（4）着色期叶面喷施氨基酸水溶肥能使果实着色良好，并能有效防止叶片早衰，延长采收期。

（5）在果实膨大期，及时摘除影响果实着色的叶片，可增加着色，防止结果枝因重叠、挤压、下垂接触地面而影响着色。

（6）过量施用氮肥会阻碍花青甙的形成，影响果实着色。因此，果实发育后期不宜大量施入单一氮素肥料，可使用高钾型冲施肥，可有效改善草莓品质。

（7）果实发育的后期采前10～15天，保持土壤适当干燥，有利于果实着色，故成熟期前应适当控制灌水量。

（8）坚持适期采收。一般情况下，在适宜采收期内，采收越晚，着色越好。

八、草莓青尖果

【发病症状】

草莓果实的色泽一般为红色，但是有些草莓果实成熟时，尖部还是青白色的，并没有完全红透，呈半青不熟的样子。虽然临近采摘期，但是草莓果实尖部看起来像没熟一样。这不仅影响了草莓果实的品相，还降低了草莓果实的商品性。

草莓青尖果

【发病原因】

(1) 草莓花粉发芽的最适温度是25 ~ 30℃，若低于10℃，则明显不利于花药开裂，同时也会抑制花粉管的伸长。在花期前后如遇霜冻，会使花蕾受害。草莓花药开裂最适合的湿度为30% ~ 50%，柱头受精和花粉发芽的最适湿度为50% ~ 60%，湿度过高、过低均不利于授粉受精。浇水过多，棚内密闭、通风不好都影响花药开裂，花粉发芽率也会降低。保护地栽培缺少授粉媒介和良好的通风条件，也影响花粉的传播。草莓开花期喷施药剂也会影响花粉的发芽率。

(2) 施肥不合理、吸收不均衡。氮肥施用过多，抑制了磷钾钙等元素的吸收，尤其是低档氮元素影响更大。

(3) 品种。如甜查理这类品种发病率较高，需要特别注意。

【防治方法】

(1) 调控温度和湿度。通过适时放风使白天温度控制在23 ~ 25℃，夜间温度控制在6 ~ 8℃为宜，通过通风换气降低空气湿度，使棚室的相对湿度保持在白天60%左右、夜间80%左右，既满足草莓生长的需要，又不易诱发病害。放养蜜蜂，利用其传授花粉。开花期严格限制喷洒农药，草莓花期长，在开花前彻底防治病虫害，如果必须喷药应选择药害较小的药剂在开花较少时喷施。

（2）禁止施用过多氮肥，尤其是低档氮元素肥料。应选用原料级别高、含量标准的产品。根据不同阶段使用相应的产品。合理施用微量元素。

（3）提高光照，适当时候可采取补光措施。

九、草莓叶片干边

【发病原因】

（一）肥害引起干边

如果叶片从边缘开始干枯，并且在施肥后很快出现叶枯现象，考虑可能是施肥过量，造成土壤中养分浓度过高，根系吸收困难，从而导致植株失水。

轻度受害时，叶片从叶边缘开始出现水渍状变褐现象，严重受害时叶片出现焦枯并且向中间蔓延。

【防治方法】

（1）少量多次施肥。草莓是不耐肥作物，切忌一次性施大量肥，一次施肥量最好不超过每亩10千克。

草莓叶片干边

(2) 已经发生烧苗，通过雨水或人工灌水冲淡土壤盐分，缓和肥害带来的损伤。

(3) 0.136%赤·吲乙·芸薹可湿性粉剂可用来修复肥害造成的损失，同时可以辅助施用一些海藻类的促根肥，帮助草莓及时恢复长势。

（二）缺钙造成新叶干枯

缺钙时新叶黄化，幼叶叶缘失水继而干枯变褐。新叶干枯，边缘焦枯，首先考虑是缺钙造成的。

钙在植物体中移动性较小，主要集中在较老的组织中，很少向幼嫩器官运送，因此草莓非常容易出现叶尖干枯的缺钙症状。

【防治方法】

(1) 如果已经出现缺钙现象，而浇施根部补钙需经过一段时间才能看到效果，往往没有叶面喷施效果好，因此建议叶面喷施补钙。

(2) 钙肥用法：硝酸铵钙等800 ~ 1 000倍液进行叶面喷施3次，间隔10 ~ 15天1次；糖醇螯合钙相对硝酸钙，比较容易被植物吸收，也不容易发生反应，建议叶面喷施糖醇钙，用量一般是1 000 ~ 1 200倍液；缺钙时，及时喷施0.3%氯化钙水溶液；钙肥和有机硅配合施用效果较好。

十、草莓高温日灼病

【发病原因】

高温日灼属于生理性病害，在草莓育苗期发生。根据近年的调查，高温日灼发生频率并不高。高温日灼主要影响草莓的叶片及匍匐茎。一般被烫伤的匍匐茎不会再发新苗，影响出苗率。叶片

草莓高温日灼病

受到灼伤，会影响草莓的光合作用，造成植株长势弱，病原菌借机入侵。

【防治方法】

防治高温日灼的主要方法是：遮阳降温，尤其进入7月，温度持续升高，建议有条件的种植户覆盖遮阳网，不仅可以降温，还可以避免太阳直射灼伤叶片。同时，在安装滴灌带时一定要安装在匍匐茎发生的另一侧，否则滴灌带也会烫伤匍匐茎。越幼嫩的植株越容易被灼伤，因此施肥时要注意养分均衡。

十一、草莓叶片发黄

草莓是多年生草本植物，果实柔软多汁，酸甜适口，而且外观美丽，香气浓郁，因此在国内外市场备受青睐，所以很多农民喜欢种植草莓，但是草莓在生长过程中经常出现叶片发黄的现象，那么草莓叶片为什么会发黄？草莓叶片发黄怎么办？如何让草莓叶片不发黄？接下来详细讲解草莓叶片发黄的原因及正确的防治方法。

根据已有的研究结果，导致草莓叶片发黄的原因主要有以下几个。

（一）红蜘蛛为害后导致叶片发黄

【防治方法】

参照第二章螨类的防控方法。

（二）盐碱地容易导致草莓叶片发黄

盐碱地容易导致草莓叶片发黄，尤其是皖北部分地区土壤盐碱度偏高，在育苗和栽培后期部分草莓品种叶片容易发黄。

【防治方法】

（1）土壤盐碱度较高的地区应多施腐熟的有机肥，通过不断改良土壤以降低土壤pH，逐渐缓解草莓叶片发黄现象。

（2）在草莓根部土壤滴灌氨基酸水溶肥和螯合性的钙镁铁等中微量元素，逐渐缓解草莓叶片黄化现象。

草莓叶片发黄

（三）连作重茬导致草莓叶片发黄

多年连作重茬，容易导致土壤中存在较多的土传性病害，尤其是草莓枯萎病、黄萎病为代表的根腐病害，容易导致草莓叶片发黄，尤其在草莓栽培中后期容易导致叶片发黄。

【防治方法】

参照第一章草莓枯萎病和黄萎病的防控方法。

（四）大量灌水导致草莓叶片变黄

部分地区农户仍然按照

以往的经验进行草莓栽培，特别喜欢在栽培过程中将垄沟灌满水，尤其是在定植后仍然大量灌满水。上述情况容易导致草莓根系长期处于湿度大缺氧的环境中，最终使草莓根系逐渐坏死，草莓叶片由于不能获得充足的营养而变黄，严重时会导致草莓苗死亡。

【防治方法】

在草莓定植成活后，清除草莓垄沟中的水并晾干，让草莓根系逐渐发出新根系并通过滴灌氨基酸水溶肥以促进根系生长，逐渐促进草莓发新叶并促进草莓叶片恢复正常。

（五）药害导致草莓叶片发黄

喷药是防治病虫害的主要措施，但是由于受到天气原因、施药方式和药剂质量等因素影响，容易发生药害现象。发生药害后，叶片常常出现黄化现象。如在防控草莓炭疽病过程中咪鲜胺施用过量时导致草莓叶片发黄现象发生。

药害导致草莓叶片发黄

【防治方法】

在草莓炭疽病发病后，使用咪鲜胺进行药剂防控时要严格按照说明书进行操作，避免增加药剂施用次数和提高药害导致草莓叶片发黄施用浓度。如果在病害防控过程中出现了药害现象，应该先用清水喷两遍，然后再喷施0.136%赤·吲乙·芸薹可湿性粉剂，同时及时在叶片上喷施含有机水溶肥或含氨基酸的水溶肥，促进草莓心叶生长，尽可能降低药害对草莓叶片带来的影响。

（六）线虫导致草莓叶片发黄

线虫主要有草莓根结线虫和根腐线虫，主要引起草莓根部有很小的根结，侧生营养根增生，根部有黄褐色或黑色病斑，根系不发达。地上部长势弱，叶片发黄或初期叶缘红褐色，后期叶面紫褐色，最终萎缩枯死。

线虫导致草莓叶片发黄

【防治方法】

草莓线虫引起草莓叶片发黄后，一般采用栽种其他作物或采用太阳能+棉隆（或石灰氮）高温消毒的方法来消除草莓线虫侵染草莓根系而导致草莓叶片发黄的现象，同时及时在叶片上喷施有机水溶肥或氨基酸水溶肥以促进草莓叶片恢复正常。

（七）缺素引起草莓叶片发黄

草莓各生育时期对各种元素吸收量均有不同，在缺乏某种元素时，会在叶片上表现出相应的症状。大量田间观察表明，草莓缺素引起的黄化多与铁、锌、镁等元素的缺失有关。

【防治方法】

调节土壤酸碱度，使土壤pH达到6.0 ～ 6.5，在草莓生长发育

缺素引起草莓叶片发黄

的各个阶段叶面喷施0.2%～0.5%硫酸亚铁溶液和1%～2%硫酸镁溶液2～3次，隔10天左右喷1次，或用钙镁硼进行叶面喷施。

（八）光照不足造成草莓叶片发黄

草莓叶片通过光合作用进行养分的转化，当太阳光照不足时会造成循环障碍，导致叶绿素缺乏，进而导致草莓叶片发黄。

光照不足造成草莓叶片发黄

【防治方法】

在草莓生长期间，如遇连阴雨天气，应及时添加照明设备进行补光，以促进草莓的生长，尽可能减缓草莓叶片发黄。

（九）土壤板结严重导致草莓叶片发黄

部分田块土壤板结严重，土壤病虫积累量也非常大，进而导致部分草莓叶片发黄，草莓的生长发育表现不良。

土壤板结严重导致草莓叶片发黄

【防治方法】

（1）土壤板结严重的地区应多施腐熟的有机肥，通过不断的土壤改良来改善土壤物理性状，逐渐缓解草莓叶片发黄现象。

（2）通过在草莓根部土壤滴灌氨基酸水溶肥和有机水溶肥来逐渐缓解草莓叶片发黄现象。

（3）尽量在施肥时减少氮磷钾肥等化学肥料的施用，改善土壤的物理性状。

（十）除草剂药害导致草莓叶片发黄

在施用除草剂后，草莓苗生长慢、缓苗慢、叶片发黄，逐渐由黄叶转变为枯叶。气温高、晴天多则草莓叶片黄化快，阴雨天多则黄化慢。

除草剂药害导致草莓叶片发黄

【防治方法】

除草剂药害引起叶片发黄，可通过浇水，叶片喷施0.136%赤·吲乙·芸薹可湿性粉剂或有机水溶肥缓解。如果使用过除草剂如苯磺隆，建议两年后再种植草莓。

（十一）草莓炭疽病导致草莓叶片发黄

草莓炭疽病是草莓苗期的主要病害之一，南方草莓产区发生较为普遍。当气温上升到25℃以上，草莓匍匐茎或近地面的幼嫩组织易受病原菌侵染，在高温高湿条件下，病原菌传播蔓延迅速。近年来，该病的发生有上升趋势，尤其是在草莓连作地，给培育壮苗带来了严重障碍。

草莓炭疽病导致草莓叶片发黄

【防治方法】

参照第一章草莓炭疽病的防控方法。

第四章 皖北地区草莓双减增效栽培实用技术

一、重抓基础，确保草莓早熟和高产

（1）选栽早熟良种。早熟品种果实成熟上市快，具有很好的价格优势。选栽适宜的早熟良种是确保高效益的关键。皖北地区宜选择天仙醉、皖香和京藏香等品种。这些品种除表现出产量高、品质佳、抗病性强等特性外，还表现出花芽分化早、开花结果早、果实早熟上市快等特点。

（2）栽种优质大苗。优质大苗营养积累多，定植后成活率高，发根早，生长快，长势好，抗病虫性强，有利于草莓早熟高产。草莓优质大苗的选择标准：植株矮壮，不带病虫，幼苗鲜重25克以上，短缩茎粗壮(直径0.8厘米以上)，根系发达，具有4～5片叶，叶大色绿，中心芽饱满。在条件许可时，最好选用经过组培脱毒的优质种苗。采用脱毒种苗一般比非脱毒种苗增产15%～30%。

（3）适时早栽、合理密植。适时早栽、合理密植能保证草莓在开花结果前有足够的时间进行营养生长，尽快形成健壮植株，从而能使草莓提早开花结果，提早成熟上市，并获得较高产量。经多年试种观察，在阜阳地区，8月下旬至9月上旬（日均温25～26℃）为草莓的适宜定植期。在此时期内，应尽量提早定植。为获得高产，定植时按双行“品”字形种植方式进行合理密植，株行距（18 ～ 20）厘米×20厘米，垄宽60厘米、沟宽30厘米，每亩栽8 000 ～ 10 000株。

二、严把种植技术关，降低死苗率

定植时，一定要严把种植技术关。

（1）要把握好种植深度。按照“深不埋心，浅不露根”及“宁浅勿深”的原则栽种，以苗心高出地面0.5厘米左右为宜。

（2）栽后要及时淋足定根水，并覆盖遮阳网，确保成活率。特别是晴天，更要做到“栽种一段，浇水一段，遮阳一段”。

（3）对长途购进的或隔夜的苗木，种前应用泥浆蘸根保湿，以利成活。

（4）种植后勤灌水。刚定植后的草莓幼苗不耐旱，受旱时很容易死苗。在定植草莓后7天内，一定要保证水分供给充足。一般每天上午灌(淋)水1次，如遇阴天可隔天灌(淋)水1次。7天以后，幼苗基本恢复生长，抗旱性有所增强，之后可适当减少灌(淋)水次数。

三、应用水肥一体化体系的精准施肥技术

积极开展测土配方施肥技术的全覆盖，视具体情况追施所需肥料。夏季高温期间清理完草莓地后，施足菜籽饼等有机肥15 000 ～ 22 500 千克/公顷、棉隆450千克/公顷，混合后一并翻入土壤，铺设滴灌带，全田浇透水，覆盖薄膜，四周盖紧并压实，暴晒20 ～ 30天，土温达到60 ～ 70℃以上，能有效杀灭土壤中病原菌、害虫和降低土壤的盐碱度。消毒完成后，可揭去薄膜，打开通风口，应揭膜敞气并疏松土壤1 ～ 2次，并使之充分换气7 ～ 10天。栽种草莓前应进行蔬菜种子安全测试。整地起垄前15天左右施入过磷酸钙450 ～ 600千克/公顷作基肥。

在草莓设施栽培条件下，将草莓不同生育时期所需的肥水混合液，通过滴灌管道系统适时适量地直接输送到草莓根部附近土

壤中，实现水肥一体化，满足草莓对水分和养分的需求。相对常规灌溉施肥，水肥一体化可节水40%，节肥20%，省工省时。在定植后追肥，以水溶性肥料为主，结合滴灌进行施肥，以降低化肥的施入量并提高其利用率，具体如下。

（1）定植至开花期，每公顷施含微量元素的氮、磷、钾（30-10-20）水溶肥75 ～ 90千克和黄腐酸钾15千克或有机水溶肥60千克，分4次施用，7 ～ 10天1次。

（2）开花期至坐果期，每公顷施含微量元素的氮、磷、钾（15-15-15）水溶肥60 ～ 90千克，分2次施用，7 ～ 10天1次。

（3）结果期至收获结束，采收草莓鲜果后每公顷施用含微量元素的氮、磷、钾（14-6-40）水溶肥675 ～ 900千克和黄腐酸钾15千克或有机水溶肥60 千克，分15次施用，7 ～ 10天1次。

四、实施地膜覆盖，减少土壤管理用工

实施地膜覆盖对土壤保湿保温和抑制杂草生长等具有良好效果，可减少土壤管理用工。覆盖地膜时期一般以草莓现蕾后至开花前为宜，在阜阳地区以10月中下旬进行最为适合，不宜过早或过迟。覆盖过早，易引起土温过高，不利于根系和植株生长，甚至会出现“烧苗”现象，也不利于早期土壤管理和施肥。覆盖过迟，不利于土壤保温，会影响根系和植株生长，更不利于土壤保湿、杂草防除、果实防病和干净果实的生产。地膜通常为黑色膜、银黑双层膜。

五、综合防控病虫害和肥水管理，降低防治成本

（1）棚温管理。草莓开花生长期间，大棚内温度白天保持在25℃，夜间保持在5℃以上，有利于开花、果实生长和成熟；收获期间温度白天不要高于25℃，夜间保持在3 ～ 5℃即可，当气温下降到0℃以下，大棚内应加盖一层中棚和小弓棚膜，以保护草莓不受冻害。

(2) 加强通风换气，控制棚内湿度。湿度对草莓开花授粉影响大，草莓开花后大棚内的相对湿度应尽量保持50%～60%，过干时应进行灌溉，湿度大时应进行通风换气。

(3) 植株管理。草莓生长期，每株草莓宜保持8～10片叶，应及时去除老叶、残叶、病叶和抽发的匍匐茎，确保养分集中供应果实。

(4) 增施肥料。每采收一批果后应及时增施肥料，用量按每标准棚施氮、磷、钾复合肥5～6千克，或叶面喷施0.2%磷酸二氢钾溶液，隔5～7天连续喷施2～3次，施肥可与灌水或浇水结合进行。

(5) 加强病虫害防治。采用病虫害绿色防控技术措施，具体内容如下。

①利用硫黄熏蒸器防治白粉病。11月盖膜后，悬挂熏蒸器，前期硫黄使用量少并以预防为主，见病期后加大硫黄使用量开展预防和防治。

②利用捕食螨防治叶螨类。草莓红蜘蛛在温度高和干旱天气容易发生。见虫期释放胡瓜钝绥螨，视虫害发生情况逐渐加大释放量。

③利用黄板防治蚜虫。草莓蚜虫是草莓常规性虫害，贯穿整个大棚草莓生长周期。蚜虫虽然容易防治，但需要多次用药，9月草莓缓苗后开始悬挂。

④选用蓝板防治蓟马。草莓蓟马一般发生在大棚草莓生长后期，9月草莓缓苗后开始悬挂蓝板。

⑤利用毒饵诱杀地老虎和蝼蛄等地下害虫。8—10月在温度变低前使用，选用高效低毒低残留的化学农药进行防治。

⑥利用性诱剂防治斜纹夜蛾。可在6月中下旬育苗期或9月定植后每亩使用2次性诱剂，诱芯需每20天更换1次。

⑦在垄沟中间撒施稻壳可有效降低大棚内的湿度，减少灰霉病的发病率，减少化学药剂使用量。

⑧通过土壤高温消毒以达到改善土壤结构和质量，提高土壤

通透性，既消除了盐害和地下害虫的危害，又降低了草莓根部土传性病害的发生率，提高了草莓的产量和品质。

⑨生物防控。筛选一批防治草莓主要病虫害的生物农药。炭疽病：枯草芽孢杆菌；白粉病：多抗霉素、寡雄腐霉素、枯草芽孢杆菌；灰霉病：哈茨木霉菌、枯草芽孢杆菌；病毒病：宁南霉素、嘧肽霉素；夜蛾类、菜青虫类：短稳杆菌、除虫菊素、茶皂素；螨类：苦参碱；细菌性病害：春雷霉素；广谱杀菌剂：丁子香酚、乙蒜素、印楝素。

(6) 化学防治和高效植物保护机械。从绿色草莓生产推荐用药中严格选择药剂，根据农药标签确定施药次数和安全间隔期，同时选用电动静电喷雾器或烟雾机，代替大水量喷药机械或常规机动喷雾器，提高劳动效率，确保草莓在农药施用上达到绿色标准。

六、加强花果管理，提高果实品质

在草莓植株管理方面，平常除了做好及时摘除病叶、老叶、匍匐茎等基本工作外，还要着重抓好以下花果管理工作。

(1) 促进果实着色，提高品质。

(2) 开展疏花疏果，降低畸形果率，提高单果重及果实品质。主要是及早摘去发育欠佳的小花、小分枝果、弱小果、畸形果和病虫果等。一般每株每批留果数以5 ~ 7个为宜，长势弱的适当少留。

七、重视采收和产后处理，提高商品价值

草莓果实过熟时，耐贮运性下降，且易腐烂，引发灰霉病。因此，草莓果实成熟后要适时采收，做到随熟随采。鲜销果一般在七八成熟时采收为宜，3—5月气温高时宜在七八成熟时采收，但也不要过早采收，否则会降低果实品质。采摘时，应轻摘、轻

拿和轻放，采下的浆果应带1 ～ 2厘米果柄，不要损伤花萼，并在清晨露水干后、烈日和高温到来前采完。为提高草莓的商品价值及保证果实品质一致，采后要立即进行分级、包装等商品化处理。可根据品种、果实大小、色泽、果形进行分级，然后装入透明塑料小盒内，每小盒装100 ～ 200克，再放入包装箱中，隔防腐纸，即可装车运输。

第五章 草莓育苗关键技术

一、草莓高效生产四句话

（1）市场至关重要。

（2）品种是前提。

（3）育苗是基础。

（4）管理是关键。

二、一个品种有一个品种的特点

天仙醉和皖香等草莓新品种特征是早熟、果大，高产，抗逆性强。在栽培和育苗技术及方法上必须随品种特性而改变，不能完全沿用丰香、甜查理草莓品种育苗的习惯。

三、育苗在草莓生产中的重要作用

（1）种苗好是获得高收益的基础和必要条件。

（2）种苗的质量直接影响后续草莓的产量和品质。

（3）育苗技术和方法直接关系到上市时间和年前产量。

（4）细小的过程决定最终的结果。

四、育苗中常遇到的问题

（1）死苗多。

（2）匍匐茎抽生少。

（3）繁育出的种苗质量参差不齐。

（4）花芽分化早晚无法控制且一致性差。

五、育苗的四个阶段

（1）母苗的定植。

（2）匍匐茎的抽生。

（3）子苗的管理。

（4）花芽分化的促进。

六、草莓炭疽病发病情况

（1）草莓炭疽病病原菌在我国南方地区以胶孢炭疽菌为主，其分生孢子在发病组织（感病的母株）或落地病残体（育苗地）越冬，成为翌年首次感染的病源。

（2）病原菌生长温度为10～35℃，相对湿度90%以上，一般5月上旬以后，草莓匍匐茎、叶片等非常容易受到病原菌侵染，开始长出新的分生孢子，通过雨、水、风或工具等传播，成为二次传染的来源。

（3）在高温多雨（7—8月）条件下，特别是梅雨天、阵雨或台风过后，病原菌传播蔓延迅速，可在短时间内造成整片草莓种苗死亡。除此之外，水淹后，草莓种苗也非常容易死亡。

（4）生产苗圃不断死苗，可能是感染病毒，也可能是土壤中有土传性病原菌，如根腐病等。

七、草莓炭疽病防控育苗技术

草莓炭疽病防控育苗技术包括育苗地消毒技术、种苗处理技术、肥水管理技术、化学防治技术、避雨防控技术、冷凉条件防控技术。

（一）育苗地准备

（1）苗地选择。选择土质疏松、排灌水方便的田块，应慎选连作地块。

（2）育苗地土壤消毒技术。

①清理杂草、草莓植株的根系残体，施基肥。

②高温期使用棉隆、石灰氮进行消毒处理。

③高温期间，盖膜、四周压实和补水。防止漏气，保湿2个星期后揭膜。

（3）根据土壤肥力，施菌肥起垄做畦。

（4）定植时间为3月下旬至4月上旬。

（二）母苗处理技术

（1）品种纯正。

（2）来源于正规种苗公司。脱毒组培种苗——试管苗、基质苗（基本不带病原菌）。

（3）来源于农户自留的母苗（很有可能带病原菌且易导致畸形果率高）。

处理方法：10月从苗地选取无病小苗，用代森锰锌、咪鲜胺等农药液浸渍消毒、假植，或用营养钵接生产圃发出的小苗培育，集中管理。翌年3—4月进行消毒、定植。

（三）大田避雨遮阳方式育苗

（1）通过改变炭疽病的发生环境条件或阻断传播途径（避雨

遮阳），抑制病害发生和蔓延。

（2）解决的配套技术是适宜的盖膜时间和供水方式（避雨+遮阳网+滴灌供水）。

（3）育苗圃是否实用，如何降低发病率和避免苗旺长等也需要单独考虑。

（四）夏季冷凉地区育苗模式

（1）高纬度地区育苗或安徽省高海拔地区、山间谷地育苗。

（2）急需解决的配套技术是草莓苗贮运技术（避免种苗高温发热等问题）。

（五）空中采苗（高架育苗）——新式育苗模式

高架基质营养液栽培的母株，萌发的匍匐茎直接长在盛有营养基质的穴盘内，或使用湿棉包裹子苗根部，陆续剪下，移植到营养钵内进行生根育苗。要解决的配套技术是筛选出适宜的基质配方、用量和肥水管理技术、匍匐茎促进发根技术。需要注意的问题是：后期如7—8月高温期间移栽和促进发根的成活率较低，容易死苗。

（六）农药预防技术

（1）定期或阵雨前使用唑醚·代森联和代森锰锌等药剂预防炭疽病，雨后交替使用咪鲜胺、苯醚甲环唑、肟菌·戊唑醇等防治草莓炭疽病。

（2）农药要喷施到叶片和根颈基部，一定要喷透，尤其是种苗密度较高的地方。

（3）发现病株立即拔掉，及时摘除发病的匍匐茎并进行深埋处理。

（4）天仙醉等草莓新品种育苗喷药建议方案如下（表1）。

表1　防治草莓炭疽病需准备的农药（重点）

农药通用名	商品名
唑醚·代森联	百泰
吡唑·醚菌酯	凯润
苯甲·嘧菌脂	阿米妙收
咪鲜胺	使百功、施保克
肟菌·戊唑醇	拿敌稳
溴菌腈	炭特灵
苯醚甲环唑	世高

防治育苗期其他各类病虫害需准备的农药

虫害：蚜虫、红蜘蛛（见到叶片受害就要防治）

农药：阿维菌素、吡虫啉、亮泰

草莓育苗喷药作业（2019年案例，仅供参考）

3月15日　种苗定植与缓苗
4月15日　唑醚·代森联、代森锰锌、苯醚甲环唑
5月10日　咪鲜胺、唑醚·代森联、亮泰
5月16日　苯醚甲环唑、甲基硫菌灵、春雷霉素
5月22日　甲基硫菌灵、春雷霉素、唑醚·代森联
6月1日　春雷霉素、代森锰锌、咪鲜胺、甲基硫菌灵、肟菌·戊唑醇、亮泰
6月7日　井冈霉素、代森锌、溴菌腈、咪鲜胺
6月15日　咪鲜胺、吡唑·醚菌酯、甲基硫菌灵、翠贝
6月22日　代森锰锌、肟菌·戊唑醇、代森锌
6月28日　春雷霉素、苯甲·嘧菌酯、代森锰锌、溴菌腈
7月5日　肟菌·戊唑醇、甲基硫菌灵、苯醚甲环唑、翠贝
7月10日　代森锰锌、肟菌·戊唑醇、咪鲜胺
7月17日　苯甲·嘧菌酯、溴菌腈、吡唑·醚菌酯、春雷霉素
7月23日　苯甲·嘧菌酯、苯醚甲环唑、咪鲜胺、甲基硫菌灵
7月27日　代森锌、溴菌腈、肟菌·戊唑醇、翠贝
8月1日　甲基硫菌灵、代森锰锌、吡唑·醚菌酯、苯甲·嘧菌酯
8月4日　炭疽福美、春雷霉素、咪鲜胺

8月7日　苯甲·嘧菌酯、咪鲜胺、苯醚甲环唑、春雷霉素
8月10日　翠贝、唑醚·代森联、代森锌
8月12日　咪鲜胺、翠贝、肟菌·戊唑醇、苯甲·嘧菌酯
8月14日　苯甲·嘧菌酯、翠贝、甲基硫菌灵
8月19日　苯甲·嘧菌酯、翠贝、代森锰锌

八、优质壮苗培育技术要点

（1）前期氮肥和磷肥多，易于匍匐茎抽生，子苗壮、发根好。每亩辅以复合肥10 ～ 15千克，母株周围60厘米全面撒施。

（2）薄肥勤施。每月滴灌水溶复合肥1 ～ 2次，每次2.5 ～ 5.0千克/亩；或氨基酸水溶肥400倍液，10 ～ 20千克/亩。

（3）中耕除草，防止草害。

（4）及时摘除花茎、枯叶。整理匍匐茎和压蔓，均匀分布，通风透光。

（5）定期或阵雨后交替使用咪鲜胺、苯醚甲环唑、肟菌·戊唑醇、苯甲·嘧菌酯、唑醚·代森联等防治草莓炭疽病。高温期遮盖遮阳网。

（6）肥水管理做到“前促后控”，不可过分切断氮肥，防止草莓植株缺肥。

（7）待子苗布满畦面后，去除母株，整理小苗，苗密的地方挖掘小苗进行假植促进花芽分化，使留下的小苗分布均匀，茁壮成长。

九、草莓假植育苗生产

草莓假植育苗生产出的种苗具有移栽定植后死苗率低、植株健壮、花芽分化早、分化率高且一致性好等优点，是目前设施草莓产业发展首选的草莓种苗之一。

设施草莓栽培既需要早开花早结果，又要达到高产的目的，

就必须培育壮苗。培育壮苗就是要在做好前期种苗繁育的前提下，再进行一次种苗的假植。通过假植期种苗生长状态的培养和调控，达到苗茎粗壮、根系发达、抗病性好，使种苗的生长状态从营养生长向生殖生长转化，从而促进种苗花芽提前分化，同时分化高且一致性普遍优于普通种苗。

整地和挖竖沟

假植苗床地宜选择土壤疏松、排灌方便、前茬未曾种过草莓、茄果类蔬菜或旱大豆的地块。如前茬为水稻田或肥力差的地块需适当施肥，在假植前3天每亩施三元复合肥15千克兑水750千克喷洒在畈面上，结合化学除草，施肥后每亩再均匀喷施除草剂，均能达到良好的除草效果。

草莓苗假植时间一般为7月中旬至8月中下旬，以7月底至8月初为假植最适宜期。选择育苗中期发生的匍匐茎苗，摘去种苗的老叶和黄叶，保留3～4片叶苗进行栽植，株行距16厘米×18厘米。

沿着竖沟移栽草莓假植苗的试验过程

假植后管理，前期以促进生长和培育壮苗为主，假植后一周内为促使发根快、成活早。在高温情况下最好使用遮阳网进行遮阳，早晚

浸根和移栽定植

各浇水一次，保持土壤湿润，如遇高温天气应适当增加浇水次数。一周后待种苗活棵后应追施一次肥料，一般为0.2%氮磷钾复合肥水溶液。成活后，当苗长出2 ~ 3片新叶时，要及时摘去原来的老叶，以促进种苗的生长。中后期（8月中下旬至定植前）要适当控制施肥，尤其是氮肥，防止草莓种苗徒长。在中午遮强光，并控制和减少氮素营养的供应，减少土壤水分。如苗生长旺盛，在无法控氮和控水的情况下，可用断根法控制种苗生长，即用小铲子插入苗行土中，通过松动土壤断根，但力度不可太大，以免伤苗严重导致死苗。通过各种促控措施，促使顶花芽于9月15日左右完成分化。假植期一般25 ~ 30天，最长不超过40天，如假植苗早植，需推迟定植，超过50天务必进行第二次假植。第二次假植要求在定植前16 ~ 20天内完成，株行距放宽至22厘米 × 22厘米，以促使种苗再一次发新叶，防止草莓苗老化。赤霉素对花芽分化有抑制作用，而对草莓的花芽生长有促进作用。一般不能在花芽分化期间如假植期使用赤霉素，否则会起反作用。在草莓种苗假植前期温度高、营养条件好的情况下使用效果显著。除此之外，育苗早期在苗床地使用矮壮素或多效唑、烯效唑等生长延缓剂对控制草莓营养生长过旺、促进花芽分化也具有一定的促进作用。但在后期一定要掌握适宜的浓度和用量，尽量少用，且必须在定植前25 ～ 30天前使用。

参 考 文 献

郝保春，杨莉，2009. 草莓病虫害及防治原色图册 [M]. 北京：金盾出版社.

雷家军，2014. 有机草莓栽培实用技术 [M]. 北京：化学工业出版社.

童英富，郑永利，王国荣，2005. 草莓病虫原色图谱 [M]. 杭州：浙江科学技术出版社.

赵霞，周厚成，李亮杰，等，2017. 草莓高效栽培与病虫害识别图谱 [M]. 北京：中国农业科学技术出版社.

森下昌三，2016. 草莓的基本原理：生态与栽培技术 [M]. 北京：中国农业出版社.

致谢

本书由安徽省中央引导地方科技发展专项项目“早熟优质草莓新品种与双减增效关键技术的示范应用”(201907d06020002)、安徽省农业科学院特色小浆果资源研究与利用创新团队(18C0308)、安徽省科技特派员工作站“颍泉区草莓新品种选育与种苗繁育新技术研究科技特派员工作站”、安徽省农业科学院园艺研究所岗集生态农业试验示范基地奖励项目(1801r0701667)和合肥市农业行业草莓首席专家工作室等共同资助。

图书在版编目（CIP）数据

皖北地区草莓栽培技术指导/宁志怨主编．—北京：中国农业出版社，2021.1
ISBN 978-7-109-27878-3

Ⅰ.①皖… Ⅱ.①宁… Ⅲ.①草莓-果树园艺-皖北地区 Ⅳ.①S668.4

中国版本图书馆CIP数据核字（2021）第022025号

中国农业出版社出版
地址：北京市朝阳区麦子店街18号楼
邮编：100125
责任编辑：史佳丽　阎莎莎　　文字编辑：王庆敏
版式设计：杜　然　　责任校对：赵　硕　　责任印制：王　宏
印刷：中农印务有限公司
版次：2021年1月第1版
印次：2021年1月北京第1次印刷
发行：新华书店北京发行所
开本：880mm×1230mm　1/32
印张：2.75
字数：70千字
定价：25.00元
